Sonia Kukreti
Anil Negi

Livro de texto sobre hidratos de carbono nutricionais

Sonia Kukreti
Anil Negi

Livro de texto sobre hidratos de carbono nutricionais

Para estudantes de medicina e paramedicina

ScienciaScripts

Imprint
Any brand names and product names mentioned in this book are subject to trademark, brand or patent protection and are trademarks or registered trademarks of their respective holders. The use of brand names, product names, common names, trade names, product descriptions etc. even without a particular marking in this work is in no way to be construed to mean that such names may be regarded as unrestricted in respect of trademark and brand protection legislation and could thus be used by anyone.

Cover image: www.ingimage.com

This book is a translation from the original published under ISBN 978-620-7-48812-4.

Publisher:
Sciencia Scripts
is a trademark of
Dodo Books Indian Ocean Ltd. and OmniScriptum S.R.L publishing group

120 High Road, East Finchley, London, N2 9ED, United Kingdom
Str. Armeneasca 28/1, office 1, Chisinau MD-2012, Republic of Moldova, Europe
Printed at: see last page
ISBN: 978-620-7-62423-2

AUTOR

Sónia Kukreti[1]

(Professor Assistente da Universidade Dev Bhoomi Uttarakhand, Dehradun Uttarakhand)

Sr. Anil Negi[2]

(Professor Assistente do Instituto Himalaia de Farmácia e Investigação, Dehradun Uttarakhand)

COLABORADORES

Aditi chauhan, (Bacharelato em Fisioterapia) Universidade Dev Bhoomi Uttarakhand, Dehradun Uttarakhand

Jyoti goswami ,(Licenciatura em Fisioterapia) Universidade Dev Bhoomi Uttarakhand, Dehradun Uttarakhand

Shruti mishra, Bacharelato em Radiodiagnóstico Médico e Tecnologia de Imagiologia Universidade Dev Bhoomi Uttarakhand, Dehradun Uttarakhand

Nehal Faishal, Bacharelato em Radiodiagnóstico Médico e Tecnologia de Imagiologia Dev Bhoomi Uttarakhand University, Dehradun Uttarakhand

Wasim Akhtar, (Bacharelato em Fisioterapia) Universidade Dev Bhoomi Uttarakhand, Dehradun Uttarakhand

DEDICADO A

Os meus tutores e mentores

RECONHECIMENTO

Diz-se que "nenhuma obra é possível sem a permissão de "Deus Todo-Poderoso". Por isso, inclino a minha cabeça perante Deus, o Todo-Poderoso, cujas bênçãos estão sempre comigo e que me deu energia nos meus duros caminhos da vida para escrever este livro.

Gostaria de manifestar a minha gratidão à minha Mãe, especialmente ao meu Pai, os princípios de vida e a capacidade de trabalho contínuo tornaram-me forte para ultrapassar as várias dificuldades da vida e energizaram-me para fazer um esforço sincero em direção ao objetivo pensado para ser cumprido dentro do tempo com o melhor nível.

Gostaria de apresentar o s meus sinceros agradecimentos ao meu orientador, Dr. Aziz Mohhamad Khan, e aos professores e mentores da minha carreira académica.

Gostaria de agradecer ao Dr. Naresh Khanduri que me deu um apoio saudável e a oportunidade de me destacar no domínio académico.

Transmito ao meu pai os meus agradecimentos por me ter encorajado a escrever as minhas competências pedagógicas sob a forma de um livro.

Mostro a minha gratidão aos meus professores que sempre me apoiaram ao longo da minha carreira académica e de investigação.

Agradeço especialmente aos meus alunos que me apoiam a cada passo, sempre que tenho dificuldade em escrever este livro.

Não tenho palavras para expressar os meus sinceros agradecimentos ao Sr. Anil Negi, que sempre esteve ao meu lado em todas as minhas acções e que me fortaleceu para ser sempre sincero no meu trabalho.

O amor e a cooperação que lhes são dedicados são de louvar.

PREFÁCIO

Os escritores estão a aguardar ansiosamente o lançamento do seu livro sobre alimentação e nutrição. Este livro foi escrito para estudantes de licenciatura. Este livro tem como objetivo fornecer uma cobertura abrangente e autorizada de questões de alimentação e nutrição.

Escrevemos o Livro de Texto de Hidratos de Carbono Nutricionais com curiosidade académica, dedicação, perseverança e um desejo de dar aos estudantes conhecimentos actualizados. Este livro tem como objetivo fornecer informações abrangentes e conhecimentos fundamentais sobre o assunto de uma forma eficaz e positiva. É dada prioridade ao conhecimento do tópico por parte dos alunos e os conceitos complexos são simplificados. Todo o manual é de leitura fácil, mas ao mesmo tempo muito instrutivo. São fornecidos exercícios exaustivos para cada tópico, a fim de preparar os alunos para os exames. Este livro destaca-se pelas suas imagens de alta qualidade e pelo seu conteúdo direto. As ilustrações e os diagramas pormenorizados são essenciais para a compreensão de cada tópico.

ÍNDICE

CAPÍTULO 1
ALIMENTOS

Introdução

A necessidade inata de todos de comer para saciar o apetite . A alimentação é essencial para o bem-estar social, psicológico, intelectual, físico e económico de uma pessoa. Está enraizada na sua cultura e tem várias conotações simbólicas para cada indivíduo, consoante o seu nível de maturidade e idade cronológica. É considerado alimento qualquer substância que, quando ingerida pelo organismo, desempenhe uma ou mais das seguintes funções:

(i) produzir novos tecidos e preservar e reparar os tecidos corporais existentes; (ii) fornecer energia; e (iii) controlar as funções corporais.

Estar de boa saúde tem um impacto significativo no nosso prazer e produtividade no trabalho. Tem uma relação direta com os alimentos que ingerimos. O consumo de uma dieta rica em nutrientes na quantidade correcta é crucial para manter uma saúde saudável. Uma dieta equilibrada inclui uma variedade de alimentos em quantidades e proporções adequadas para satisfazer as necessidades do organismo em termos de calorias, proteínas, gorduras, minerais e vitaminas. Inclui também uma pequena quantidade de nutrição extra para suportar breves períodos de magreza.

Qualquer carência vitamínica tem um impacto na saúde de um indivíduo. Para além dos nutrientes, os alimentos são ricos em nutracêuticos, que combatem as doenças degenerativas. Uma dieta rica em alimentos de origem vegetal reduz a probabilidade de obesidade, diabetes, doenças cardiovasculares e alguns tipos de cancro. Os vegetais e as frutas, os cereais integrais, as leguminosas, os frutos secos e as sementes são abundantes nas dietas à base de plantas.

Alimentação e saúde humana: uma relação-

Estas dietas reduzem a pressão arterial, ajudam a atingir e a manter um peso saudável e são ricas em fibras alimentares, o que reduz o risco de cancro do cólon. Os legumes e as frutas ajudam, por si só, a prevenir as doenças cardiovasculares. Certos frutos e legumes, como os alimentos crucíferos, como os brócolos e a couve, bem como uma variedade de alimentos ricos em folato, podem também proteger contra o cancro do cólon e do reto, bem como contra os cancros da boca, da garganta, da faringe, da laringe e do esófago.

O consumo de carne vermelha e processada aumenta o risco de cancro do cólon. O colesterol no sangue e o risco de doenças cardiovasculares são aumentados pelas gorduras trans e saturadas. Um importante fator de risco para a hipertensão arterial, as doenças cardiovasculares e, muito provavelmente, o cancro do estômago é um consumo mais elevado de sal e/ou potássio.

A pressão arterial também aumenta com dietas ricas em carne e produtos lácteos. As dietas ricas em refeições processadas, densas em energia, grãos refinados e/ou bebidas açucaradas podem levar à obesidade e ao excesso de peso.

Funções dos alimentos.

Produção de energia

O principal objetivo dos alimentos é alimentar as numerosas funções fisiológicas do corpo, que são necessárias para as actividades da vida, incluindo trabalhar, limpar e praticar desporto. Após a digestão, absorção e uma série de processos metabólicos, os alimentos são transformados em vários nutrientes pelo organismo, a fim de apoiar o desenvolvimento e manter a temperatura corporal. Os alimentos consumidos oxidam-se para fornecer a energia necessária. Quatro gramas de hidratos de carbono fornecem quatro calorias, quatro gramas de proteínas e nove gramas de gordura. Os alimentos que fornecem energia podem ser separados em duas categorias:

Hidratos de carbono puros, como o açúcar, as gorduras e os óleos, bem como os cereais, as leguminosas, os frutos secos, as sementes oleaginosas, as raízes e os tubérculos.

Funções da musculação

Os alimentos para musculação são aqueles que são ricos em proteínas. Estão divididos em duas categorias: Os alimentos ricos em proteínas de alto valor biológico incluem o leite, os ovos, a carne e o peixe. Os aminoácidos necessários estão presentes nestas proteínas nas quantidades certas para a criação de tecidos corporais. Os frutos secos, as sementes oleaginosas e as leguminosas são ricos em proteínas, mas não incluem todos os aminoácidos necessários ao organismo.

Os alimentos que ingerimos tornam-se parte de nós. Assim, uma das funções mais importantes

de alimentos é a construção do corpo. Um bebé recém-nascido com um peso entre 2,7 kg e 3,2 kg pode crescer até atingir um tamanho adulto eficaz de 50-60 kg, se forem ingeridos o tipo e a quantidade adequados de alimentos desde o nascimento até à idade adulta. Os alimentos ingeridos diariamente ajudam a manter a estrutura do corpo adulto e a substituir as células desnaturadas do corpo.

Funções de proteção e de regulação

Os alimentos ricos em proteínas, vitaminas e minerais ajudam o organismo a realizar tarefas reguladoras como a regulação do ritmo cardíaco, do equilíbrio hídrico e da temperatura corporal. Existem duas categorias para os grupos de alimentos protectores.

Os alimentos de elevado valor biológico, como o leite, os ovos, o peixe, o fígado, etc., são ricos em proteínas, minerais e vitaminas. Certos alimentos, como frutas e legumes com folhas verdes, são ricos em vitaminas e minerais específicos.

Sustentar a saúde-

Os alimentos são uma óptima fonte de antioxidantes e fitoquímicos, que podem ajudar a prevenir uma série de doenças degenerativas. Uma porção de alimento serve como nutracêutico, o que é benéfico na prevenção de doenças cardíacas, diabetes, cancro e outras doenças transmissíveis e não transmissíveis.

Finalidades psicológicas da alimentação-

Para além dos seus objectivos biológicos, a alimentação também satisfaz certas necessidades emocionais dos seres humanos. Engloba um sentimento de segurança, afeto e concentração. Os apegos normais aos cozinhados da mãe baseiam-se nos sentimentos de cada um.

A partilha de alimentos é um sinal de amor e afeto entre amigos.

Os papéis sociais da alimentação

A nossa sociedade sempre girou em torno da comida. É um reflexo da nossa vida social, cultural, religiosa e comunitária. Como uma bênção ou prasad, são servidas refeições especiais em cerimónias religiosas em casas, templos e igrejas. Tal como as festas são celebradas em eventos importantes da vida, incluindo nascimentos, cerimónias de batismo, aniversários e casamentos. Há muito que a comida é um símbolo de afeto, camaradagem e aceitação na sociedade.

Classificação dos alimentos

Com base principalmente no seu conteúdo nutricional, os alimentos podem ser divididos em onze classes. Estas são as seguintes:

Cereais e painço

A população com baixos rendimentos na Índia e noutros países em desenvolvimento consome entre 70 e 80% dos seus alimentos desta categoria. Os cereais e o painço incluem 6-12% de proteínas e são excelentes fontes de minerais como o ferro e o fósforo, bem como de vitaminas como a B6 e a tiamina, a niacina e o ácido pantoténico. Este grupo fornece 70-80% das calorias, proteínas e outros nutrientes da dieta dos grupos com baixos rendimentos. Com exceção do ragi, todos os cereais são um fornecedor fraco a moderado de cálcio. Uma das melhores fontes de cálcio é o ragi, que tem 0,4% do mineral. Os cereais carecem das vitaminas B12, C, D e A. Por outro lado, o milho amarelo tem um nível respeitável de caroteno, ou vitamina A. Também se comem cereais com inchaço.

Entre os principais cereais contam-se o centeio, a cevada, a aveia, o trigo e o arroz. Entre os painços encontram-se o milho, o jowar, o ragi e o bazaar.

Impulsos

O teor proteico das leguminosas secas varia entre 20 e 25%, o que representa o dobro do teor proteico dos cereais. Têm falta de vitaminas A, D, B12 e C, mas são uma excelente fonte de várias vitaminas B e minerais. São um complemento eficaz para os cereais. A classe baixa dos indianos come frequentemente leguminosas tufadas como petisco, como a grama de Bengala tufada e as ervilhas. Com 340 calorias por 100 gramas, as leguminosas têm um teor calórico quase idêntico ao dos cereais. As leguminosas têm proteínas de baixa qualidade porque carecem de triptofano e metionina. As gramas vermelhas também têm proteínas de baixa qualidade. Devido ao seu elevado teor de lisina, as leguminosas podem aumentar as proteínas dos cereais.

Frutos secos e sementes oleaginosas

Os frutos secos são ricos em ácidos gordos monoinsaturados e polinsaturados e relativamente baixos em ácidos gordos saturados. Podem fazer parte de dietas que reduzem o colesterol. O consumo de frutos secos reduz o LDL (mau colesterol) e o colesterol total sem afetar os níveis de HDL (bom colesterol). Para além do seu perfil de ácidos gordos, são uma excelente fonte de selénio, potássio, ferro, manganês, cobre, fósforo e zinco, entre outros elementos vitais.

Fig. 1. Suplementos alimentares

Legumes

O elevado teor de vitaminas e minerais dos legumes torna-os alimentos protectores. Em termos nutricionais, dividem-se em três categorias: Vegetais de folha verde Vegetais que não sejam raízes e tubers □. De acordo com o comité de peritos do Conselho Indiano de Investigação Médica (ICMR), cada pessoa deve comer pelo menos 300 gramas de legumes por dia (50 gramas de GLV, 200 gramas de outros legumes e 50 gramas de raízes e tubérculos).

Vegetais de folha verde

A parte produtiva da planta, onde a fotossíntese - o processo que dá vida - ocorre nas folhas. Apesar de serem muito pobres em energia e hidratos de carbono, os vegetais de folha verde são ricos em cálcio, riboflavina, ácido fólico, ácido ascórbico, ferro e vitamina K. No que diz respeito aos vegetais de folha verde, as folhas de colocasia têm a maior quantidade de ß-caroteno, enquanto a couve tem a menor quantidade. Os legumes de folha verde podem ser utilizados em vez de frutos, como o agathi, as folhas de coxa e os coentros, e também contêm vitamina C.

Tubérculos e raízes

Nesta categoria, a batata, a batata-doce, a tapioca (mandioca), a cenoura, o inhame-elefante e a colocásia são os principais alimentos. Oferecem mais calorias e são uma excelente fonte de hidratos de carbono. Entre este grupo, as cenouras são uma boa fonte de caroteno. A vitamina C está presente nas raízes e tubérculos numa quantidade muito boa. São insuficientes em ferro, cálcio, proteínas e vitamina B.

Frutos

Os frutos são ovários ou ovários maduros de uma planta, juntamente com o tecido circundante. Os frutos são produzidos a partir de flores. Os frutos têm uma textura carnuda ou polposa, são frequentemente sumarentos e têm sabores doces e aromáticos. Os frutos são uma má fonte de gordura, calorias e proteínas. A exceção é o abacate, que tem 28% de gordura. A ameixa, a papaia e a goiaba contêm ácido alfa-linolénico. Os ácidos gordos N-3 estão presentes nos frutos. Com exceção do seethaphal, são geralmente pobres em ferro. A papaia, a manga e as tâmaras da Índia são excelentes fornecedores de ß-caroteno. Os citrinos e as goiabas são excelentes fontes de vitamina C. 75-90% dos frutos são constituídos por água.

As bagas e as uvas incluem químicos fenólicos que protegem contra a inflamação e os danos oxidativos nos tecidos. Os frutos podem ser agrupados em diferentes categorias com base na forma, estrutura celular e tipo de semente que possuem: Morangos, groselhas, amoras, framboesas e mirtilos estão entre as bagas. Citrinos: toranja, lima doce, laranja, tangerinas, laranja azeda e lima. Drupas: ameixas, pêssegos, cerejas deliciosas e alperces. Uvas: variedades verdes, pretas e sem sementes.

Melões - melancias e melões almiscarados. Pomóideas: pêras e maçãs.

Lacticínios e produtos lácteos

Um dos melhores alimentos que a natureza forneceu é o leite, para o qual não existe substituto adequado. Lípidos, hidratos de carbono, proteínas e várias outras combinações de moléculas orgânicas dissolvidas ou dispersas e sais inorgânicos em água constituem a mistura complexa conhecida como leite. Com a exceção de ser pobre em ferro e vitamina C, o leite é um alimento completo. O valor biológico do leite é elevado. Aumenta o conteúdo nutricional da dieta sob a forma de batidos de leite, leite aromatizado ou simples, coalhada, queijo, leitelho, etc.

Ovos

O ovo é um alimento comum utilizado pelos seres humanos. Todos os ovos de aves são comestíveis, embora os ovos de galinha sejam consumidos com mais frequência do que qualquer outro. Um ovo de galinha tem cerca de 13% de gordura e 13% de proteínas de valor biológico muito elevado. Tanto a vitamina A como alguma vitamina B são abundantes. Os ovos podem ser escalfados, mexidos ou cozinhados.

Carne

Os músculos dos animais de sangue quente, geralmente bovinos, ovinos, suínos, etc., são designados por carne. As glândulas e os órgãos destes animais são igualmente considerados carnes. Muitos subprodutos do abate de animais, tais como o intestino animal utilizado para revestir salsichas, a gordura utilizada para fazer banha, gelatina e outros produtos, são referidos como produtos à base de carne. As proteínas de alto valor biológico (18-22%) são abundantes na carne.

Peixe

Os peixes são uma óptima fonte de proteínas, uma vez que são alimentos de alta qualidade e em grande quantidade. Cerca de 20% do seu conteúdo é constituído por proteínas. O peixe tem um valor biológico de 80. O peixe tem benefícios adicionais quando combinado com cereais e leguminosas, uma vez que é rico em lisina e metionina. O peixe é rico em ácidos gordos polinsaturados (n-3 25%, n-6 10%), ácidos gordos monoinsaturados (25%) e ácidos gordos saturados (40%). Os ácidos decosahexaenóico e eicosapentaenóico são ácidos gordos polinsaturados que se encontram nos peixes de água doce. Os peixes são pobres em cálcio mas ricos em fósforo. Os peixes pequenos e com espinhas são uma fonte rica de cálcio.

Ervas aromáticas, especiarias e condimentos

As ervas aromáticas e as especiarias são exemplos de ingredientes alimentares aromáticos que melhoram o sabor. De um modo geral, as especiarias são raízes, cascas ou sementes secas que são utilizadas inteiras, esmagadas ou em pó. As folhas, caules ou flores frescas de plantas herbáceas são normalmente utilizadas como ervas aromáticas. As especiarias dão sabor e atração aos alimentos, o que alarga a gama de alimentos na dieta. Aumentam a produção de enzimas digestivas, saliva e ácido. Algumas especiarias têm propriedades antioxidantes, anti-inflamatórias e antimicrobianas. Reduzem o colesterol e ajudam a melhorar os problemas de glucose no sangue.

Bebidas

Uma bebida é constituída principalmente por água e é consumida para matar a sede e manter os níveis de fluidos do corpo estáveis. Inclui uma grande variedade de refeições líquidas ou líquidas, incluindo refrigerantes, café, chá, chocolate e bebidas com álcool. Mantém os níveis de fluidos do corpo estáveis e nutre o corpo. As bebidas podem ser classificadas de acordo com os objectivos que servem. Refrescantes: chá gelado, sumos de fruta, água pura, bebidas gaseificadas sem sumos de fruta e leite de manteiga com sumo de lima e sal. □Nourishing: egg nogs feitos com álcool, rum, brandy, sumos de fruta, café, chocolate, leite pasteurizado, leite desnatado, leite maltado, leite de manteiga, chocolate e cacau; batidos de leite; sumo de fruta; glucose; e limonada.

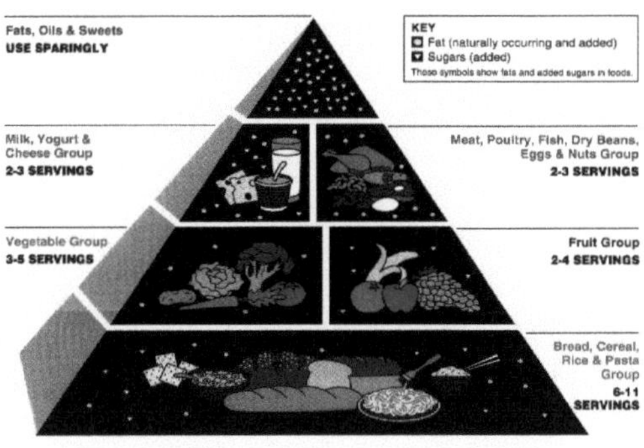

Fig. 2. Pirâmide alimentar

O significado da pirâmide alimentar para a saúde humana

Uma figura em forma de pirâmide que mostra a ingestão diária ideal de porções de cada um dos principais grupos de alimentos é chamada de pirâmide alimentar ou pirâmide de dieta. Na Suécia, uma pirâmide alimentar foi publicada pela primeira vez em 1974. A "Pirâmide do Guia Alimentar" foi o nome dado à pirâmide alimentar que o Departamento de Agricultura dos Estados Unidos apresentou em 1992. Foi alterada em 2005 e, em 2011, o "Meu Prato" tomou o seu lugar. O USDA reviu o seu guia em 2005 e introduziu o My Pyramid, que substituiu as camadas hierárquicas da Pirâmide do Guia Alimentar por cunhas verticais vibrantes. Estas cunhas eram frequentemente apresentadas sem imagens de refeições, dando ao design uma sensação mais abstrata.

CAPÍTULO 2

DISTÚRBIOS NUTRICIONAIS

Introdução

Uma condição patológica conhecida como malnutrição resulta de um excesso ou défice relativo ou absoluto de um ou mais nutrientes importantes; só pode ser clinicamente exibida ou identificada através de testes bioquímicos, antropométricos e fisiológicos. As calorias, as proteínas, os hidratos de carbono, as vitaminas e os minerais podem estar todos envolvidos.

As perturbações nutricionais podem ser provocadas pelo consumo excessivo de alguns alimentos, pelo consumo excessivo de outros ou pelo facto de o organismo não ser capaz de absorver e utilizar os nutrientes consumidos.

Práticas inadequadas de cuidados e alimentação, cuidados de saúde insuficientes e segurança alimentar inadequada em casa são frequentemente a causa de dietas pobres e doenças. A falta de recursos das famílias afectadas é outro fator. As restrições de natureza económica, social, política, técnica, ecológica, cultural e outras podem ter impacto na utilização adequada dos recursos.

Em quase todos os países da Ásia, África, América Latina e Próximo Oriente, a PEM, a deficiência de vitamina A, o distúrbio de deficiência de iodo e a anemia nutricional - causada pela perda ou insuficiência de ferro - são os problemas nutricionais mais prevalecentes e perigosos. De acordo com os dados fornecidos pela Cimeira Mundial da Alimentação e pela OMS, 192 milhões de crianças em todo o mundo sofrem de PEM, mais de 2000 milhões de pessoas em todo o mundo sofrem de deficiências de micronutrientes e uma em cada cinco pessoas no mundo em desenvolvimento está cronicamente subnutrida. Além disso, muitos países em desenvolvimento estão a registar um aumento da prevalência de doenças não transmissíveis relacionadas com o regime alimentar, como a obesidade, as doenças cardiovasculares, os acidentes vasculares cerebrais, a diabetes e certos tipos de cancro, enquanto problemas de saúde pública.

Estes factores incluem: - a produção, que consiste principalmente na agricultura e na produção de alimentos; a preservação dos alimentos contra o desperdício e a perda, que inclui a adição de valor económico aos alimentos através da transformação; - a população, que se refere ao número de crianças numa família, bem como à densidade populacional numa determinada área ou nação; - a pobreza, que sugere que as acções políticas, as escolhas e as ideologias têm um impacto na nutrição; - a patologia, o termo médico para doença, uma vez que a doença, especialmente a infeção, tem um impacto negativo no estado nutricional.

Classificação dos distúrbios nutricionais

Desnutrição energético-proteica (PEM)

Um dos maiores problemas que a saúde pública enfrenta no nosso país é o PEM. Como o nome indica,

Esta doença é causada por uma dieta pobre em calorias e proteínas. Trata-se de uma série de doenças provocadas por uma dieta insuficiente e não apenas de uma doença específica. A PEM é um problema importante em
crianças em idade pré-escolar, uma vez que têm necessidades nutricionais comparativamente mais elevadas do que os adultos e as doenças são mais comuns neste grupo etário.

Epidemiologia

Os dados do Inquérito Nacional de Saúde Familiar (NFHS-2 e 3), do NNMB e do Perfil Nutricional da Índia mostram que aproximadamente 50% das crianças indianas com menos de cinco anos sofrem de vários graus de malnutrição proteica e energética. As formas graves de carência energética e proteica afectam 16 a 20% das crianças. Isto indica que uma em cada cinco crianças tem um peso muito baixo (peso inferior a 3 DP do peso médio), e quase metade das crianças pequenas têm peso a menos.

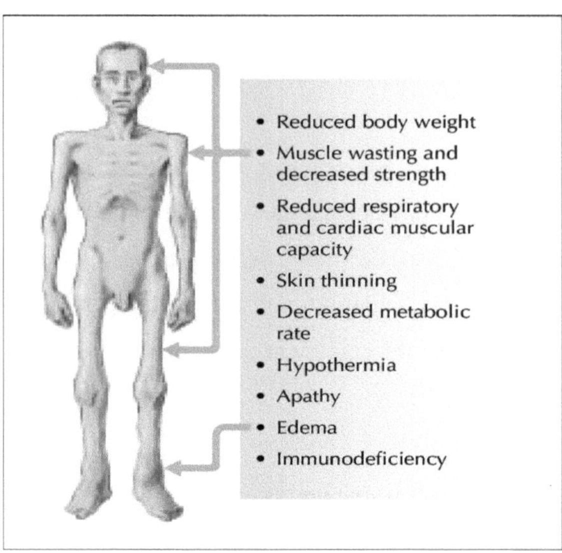

Fig.1.Significado clínico na PEM

Todos os estados da Índia sofrem de PEM, no entanto, como ilustra o quadro 2, Bihar, Madhya Pradesh, Jharkhand, Odisha, Uttar Pradesh e Rajasthan são os mais afectados. Em comparação com as regiões metropolitanas, uma maior percentagem de crianças nas zonas rurais sofre de PEM. A PEM é tão comum nos bairros de lata urbanos como nos rurais e, em muitos casos, devido às condições de vida precárias e à existência de todos os factores de risco de malnutrição, a situação da PEM nos bairros de lata urbanos pode ser pior do que nos rurais. Devido aos diferentes estilos parentais no que se refere à alimentação e à procura de cuidados médicos, a subnutrição grave é muito mais frequente nas raparigas do que nos rapazes com menos de cinco anos. A subnutrição contribui direta ou indiretamente para 60% de toda a mortalidade pediátrica. Em comparação com as pessoas bem nutridas, as que sofrem de malnutrição grave têm um risco de morte 15-20% superior.

Patogénese

Metabolismo das proteínas:

A produção reduzida de albumina leva a uma redução da concentração sérica de proteínas totais na PEM. O aumento da concentração de globulina provocado por infecções concomitantes pode alterar a relação A/G. A PEM também resulta na diminuição das concentrações séricas de outras proteínas, incluindo a proteína de ligação ao retinol, a transferência, a pré-albumina e a ceruloplasmina. A baixa taxa de síntese proteica reflecte-se na alteração da concentração sanguínea de várias enzimas, o que afecta as actividades do fígado e do pâncreas. As crianças malnutridas têm uma produção urinária reduzida de azoto devido à diminuição da excreção de ureia. Têm também uma baixa excreção urinária de creatinina e de 3-metil histidina, o que indica uma diminuição da massa muscular.

O metabolismo dos hidratos de carbono:

A quantidade de glicogénio armazenado, a velocidade a que é degradado no fígado, a velocidade a que ocorre a gluconeogénese e a velocidade a que a glicose é utilizada pelos tecidos periféricos podem afetar os níveis de açúcar no sangue.

Metabolismo das gorduras

Verificou-se que as crianças afectadas pela PEM apresentam graus variados de má absorção de gorduras em resultado da diminuição da atividade da lipase pancreática. A infiltração de gordura no fígado é uma caraterística proeminente causada por um mau funcionamento do mecanismo de transporte resultante de uma diminuição da produção de lipoproteínas.

Metabolismo da água e dos electrólitos:

A hipoalbuminemia é um componente importante que contribui para o edema.

A redução da filtração osmolar, a diminuição do fluxo plasmático renal e a diminuição da taxa de filtração glomerular são alguns dos problemas registados.

Modificações nas hormonas

As flutuações hormonais podem também resultar em retenção de líquidos.

O aumento das quantidades de cortisol plasmático provoca a degradação das proteínas musculares.

Alterações na Hematologia -

Uma caraterística comum da PEM é a anemia moderada. Tanto a massa total de glóbulos vermelhos como a produção de hemoglobina estão diminuídas na privação de proteínas.

A PEM encurta o tempo de vida dos glóbulos vermelhos e tem sido associada a uma série de anomalias na membrana dos glóbulos vermelhos, no metabolismo celular e na composição.

Embora a contagem total de glóbulos brancos na PEM esteja normalmente dentro dos limites normais, a capacidade dos leucócitos neutrófilos para responder à infeção está frequentemente comprometida.

Modificações patológicas:

A atrofia da mucosa é frequente no trato gastrointestinal, especialmente no jejuno. As criptas são mais longas e as vilosidades são mais achatadas. Verifica-se uma invasão notável das células, nomeadamente do plasma e dos linfócitos. A má absorção e a digestão estão associadas a estas alterações da mucosa. A hepatomegalia é uma caraterística predominante. A gordura é visível sob a forma de pequenas gotículas que alongam as células quando se combinam para formar grandes glóbulos.

Na PEM grave, o pâncreas também apresenta uma atrofia notável. Os núcleos das células acinares encolhem e tornam-se picnóticos.

Uma caraterística marcante da PEM grave é a perda de massa muscular. Para além de uma diminuição da massa muscular, verificam-se alterações estruturais, como um aumento do tecido conjuntivo intersticial e uma diminuição das fibras individuais. As anomalias electrocardiográficas e a diminuição do débito cardíaco podem resultar do enfraquecimento do miocárdio.

Manifestações clínicas da PEM grave:

Mararasmo - No século XIX, o termo, que deriva do verbo grego "desperdiçar", foi introduzido na literatura médica.

Kwashiorkar- Em Accra e arredores, no Gana, a tribo Ga utilizava este termo para se referir à "doença que a criança mais velha tem quando o bebé seguinte nasce". Cicely Williams utilizou-o na literatura médica em 1933.

Kwashiorkar marasmático - É um tipo intermédio que apresenta algumas características clínicas do kwashiorkor e do marasmo. A OMS classificou a obesidade como uma pandemia global devido ao aumento preocupante da sua prevalência que se verificou nas últimas décadas em diferentes partes do mundo. Em muitas regiões do mundo, a epidemia de "globesidade" - uma epidemia global de excesso de peso e obesidade - está a tornar-se rapidamente num problema de saúde pública significativo. O aumento da incidência do excesso de peso e da obesidade está ligado a uma série de doenças crónicas relacionadas com a alimentação, incluindo a diabetes mellitus, as doenças cardiovasculares, os acidentes vasculares cerebrais, a hipertensão e várias doenças malignas. Estas doenças coexistem paradoxalmente com a subnutrição nos países emergentes. Uma expansão anormal do tecido adiposo causada por um aumento do número de células adiposas (obesidade hiperplásica), um aumento do tamanho das células adiposas (obesidade hipertrófica), ou uma combinação de ambos, é conhecida como obesidade.

Provavelmente o tipo mais comum de malnutrição, tanto nos países desenvolvidos como nos países emergentes, afecta tanto adultos como crianças. A obesidade e o excesso de peso são a sexta causa de morte mais comum em todo o mundo. A obesidade mais do que duplicou a nível mundial desde 1980.

Em 2008, mais de 1,4 mil milhões de pessoas com 20 anos ou mais tinham excesso de peso. Cerca de 300 milhões de mulheres e quase 200 milhões de homens eram obesos.2014 OMS.

Em 2012, mais de 40 milhões de crianças com menos de cinco anos tinham excesso de peso. A obesidade e o excesso de peso, que antigamente eram vistos como problemas exclusivos dos países com rendimentos elevados, estão a tornar-se cada vez mais prevalecentes nos países com rendimentos baixos e médios, especialmente nas áreas metropolitanas.

Anemia nutricional-

Mais de 700 milhões de pessoas em todo o mundo sofrem do défice de micronutrientes mais prevalente, a anemia nutricional. A anemia nutricional, de acordo com a Organização Mundial de Saúde, caracteriza-se por um teor de hemoglobina no sangue inferior ao normal devido a um défice de um ou mais nutrientes vitais, independentemente da causa subjacente a esse défice. É mais comum em mulheres em idade fértil, crianças pequenas, mulheres grávidas e mães que amamentam. Nos países pobres, pensa-se que afecta cerca de dois terços das mulheres grávidas e metade das mulheres não grávidas. Nos países ricos, a anemia afecta uma proporção considerável de mulheres entre os 4 e os 12% de idade fértil.

A deficiência de micronutrientes mais comum na Índia é a anemia por deficiência de ferro, que afecta pessoas de todas as idades, independentemente do sexo, casta, credo ou religião. Este problema afecta principalmente as crianças (6-35 meses), as mulheres na faixa etária reprodutiva dos 15-49 anos e as pessoas de meios socioeconómicos mais baixos. Ingestão e absorção inadequadas: Na Índia, a principal causa é uma dieta inadequada. (tanto em termos de quantidade como de qualidade) e, em particular, uma absorção inadequada de ferro no organismo e uma dieta deficiente em alimentos ricos em ferro. Devido ao vegetarianismo crescente, os níveis de biodisponibilidade do ferro são baixos. A absorção do ferro é inibida por diversas variáveis, sendo as mais significativas os taninos e os fitatos presentes nas refeições à base de plantas. Para além da deficiência de ácido ascórbico, estas dietas resultam normalmente em carências de cálcio e de proteínas, o que pode diminuir a absorção de ferro.

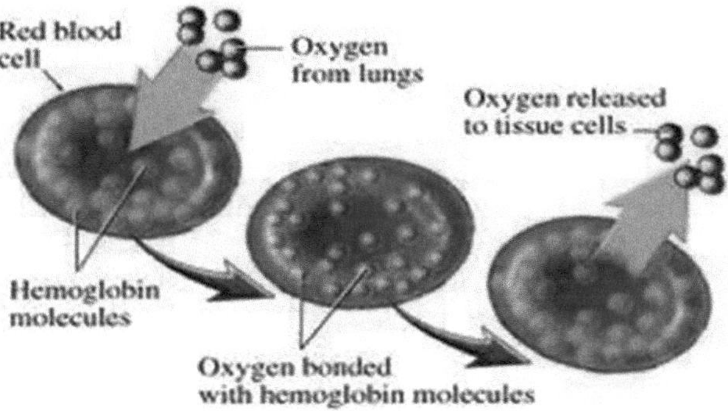

Fig. 2. Causas e sintomas da anemia nutricional

Implicações para o sistema nervoso e o comportamento: A anemia pode causar uma variedade de sintomas, incluindo letargia, apatia, dificuldade de concentração e diminuição da atividade, o que pode prejudicar o desempenho. Uma pontuação baixa nos exames de desempenho escolar, pica, birras e períodos de retenção da respiração estão ocasionalmente associados à deficiência de ferro.Alterações nas células epiteliais e manifestação gastrointestinal: Existem várias manifestações gastrointestinais que estão associadas à carência de ferro. Observam-se alterações epiteliais, como a metaplasia da mucosa do esófago e da mucosa bucal. O intestino grosso e o jejuno apresentam vilosidades mais curtas, por vezes atrofiadas, que causam diarreia e má absorção.

Imunocompetência e infeção: O ferro é necessário para que o tecido linfoide cresça e funcione normalmente. Um nível baixo de ferro reduz a eficácia da imunidade mediada por células: Níveis baixos de ferro durante a gravidez, combinados com níveis baixos de folato e vitamina B12, causam parto prematuro, baixo crescimento fetal e mortalidade fetal intra-uterina devido a anemia grave. O feto tem baixas reservas de ferro à nascença e sofre de anemia desde tenra idade. Além disso, uma das principais causas de mortalidade materna no nosso país é a anemia grave. Baixa capacidade de trabalho: A anemia provoca uma redução significativa da capacidade de trabalho nos adultos devido ao cansaço muscular e à falta de concentração. Isto leva a uma baixa produção de trabalho. □

CAPÍTULO 3

INTRODUÇÃO AOS HIDRATOS DE CARBONO

Já se perguntou de onde vem a sua energia para correr, saltar e pensar?
Aperte o cinto, porque estamos prestes a mergulhar no fascinante mundo dos
hidratos de carbono - a principal fonte de combustível do corpo!

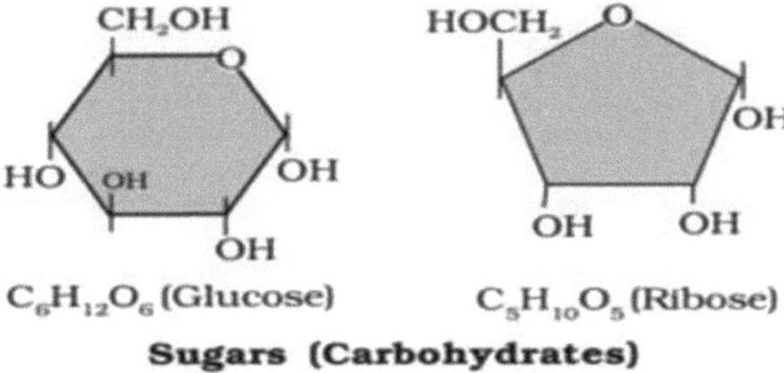

Fig 1: Hidratos de carbono

Os hidratos de carbono, frequentemente abreviados para hidratos de carbono,
são moléculas orgânicas constituídas por **carbono**, **hidrogénio** e **oxigénio**, razão
pela qual são designados por hidrocarbonetos. São como os blocos de
construção que fornecem energia para quase todas as nossas funções corporais.
Imagine pequenas fábricas dentro das suas células, em constante atividade. Os
hidratos de carbono actuam como o combustível que mantém estas fábricas a
funcionar sem problemas, permitindo que os seus músculos se contraiam, que o
seu cérebro pense com clareza e que os seus órgãos funcionem corretamente.
Nas palavras de um dos grandes químicos americanos, Linus Pauling, os
hidratos de carbono podem ser definidos como:
**"Os hidratos de carbono são uma classe de compostos orgânicos que inclui
açúcares, amidos, celulose e compostos relacionados. São compostos por
átomos de carbono, hidrogénio e oxigénio em proporções específicas e
servem como fonte essencial de energia para os organismos vivos."**

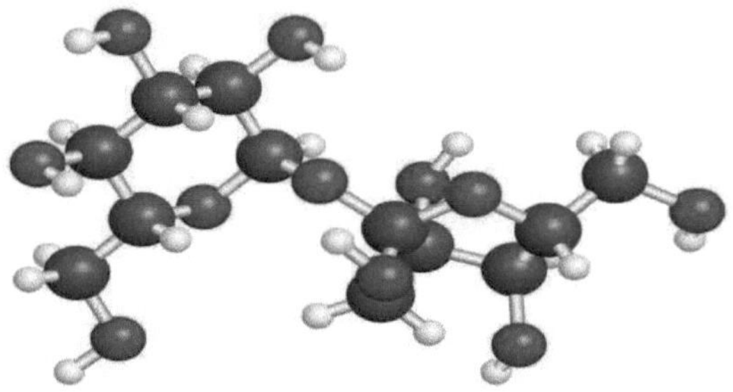

Fig 2: Diagrama de base dos hidratos de carbono

Existem dois tipos principais de hidratos de carbono: os simples e os complexos. Nos próximos capítulos, iremos explorar as diferenças entre estes dois tipos de hidratos de carbono e aprofundar o mundo dos hidratos de carbono complexos, mas, por agora, pense nos hidratos de carbono simples como explosões rápidas de energia, como um snack açucarado, e nos hidratos de carbono complexos como combustível sustentado, como uma refeição saudável de trigo integral. Os hidratos de carbono não só fornecem energia, como também desempenham outros papéis importantes no organismo. Ajudam a armazenar energia para utilização posterior, constroem e reparam tecidos e até ajudam na digestão. Ao explorarmos mais a fundo o mundo dos hidratos de carbono, vamos descobrir como a escolha dos tipos certos de hidratos de carbono pode otimizar a nossa saúde e bem-estar, fazendo-nos sentir energizados e prontos para enfrentar qualquer coisa! O cérebro humano, apesar de representar apenas cerca de 2% do peso corporal, consome aproximadamente 20% do gasto total de energia do corpo. Além disso, durante períodos de atividade física intensa ou de exercício, os hidratos de carbono armazenados sob a forma de glicogénio nos músculos e no fígado fornecem uma fonte rápida de energia para apoiar a contração muscular e o desempenho. O funcionamento ótimo do seu cérebro depende do consumo de hidratos de carbono de qualidade. Estes hidratos de carbono, que se encontram em alimentos ricos em nutrientes como a fruta, os legumes e os cereais integrais, fornecem uma quantidade constante de glicose, o principal combustível do cérebro. Ao dar prioridade a estas fontes, pode apoiar o funcionamento do corpo, a retenção da memória e a saúde mental em geral para melhorar o desempenho diário e o bem-estar. Aprofundar a sua estrutura, função e interação com outros nutrientes revela um mundo fascinante de bioquímica. Este conhecimento permite-lhe fazer escolhas alimentares informadas, otimizar o seu desempenho atlético e até esclarecer vários problemas de saúde. O mundo dos hidratos de carbono é vasto e diversificado. Para diminuir esta complexidade, vamos explorar como podemos categorizá-los com base nas suas estruturas básicas.

Classificação dos hidratos de carbono:

Os hidratos de carbono podem ser classificados em duas categorias principais, em função do seu tamanho e complexidade:

- Hidratos de carbono simples

- Hidratos de carbono complexos

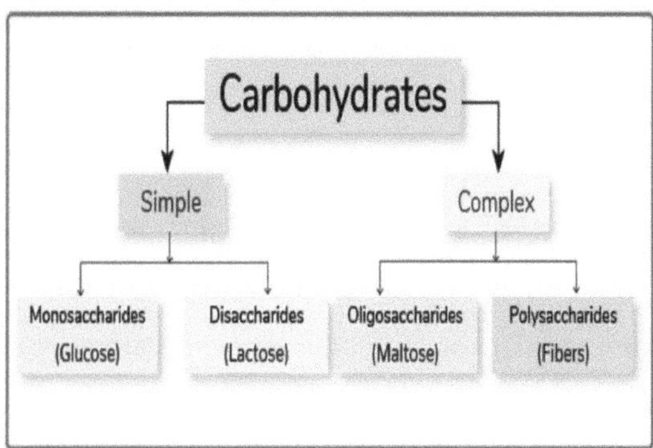

Fig. 3: Classificação dos hidratos de carbono

Hidratos de carbono simples :

Os hidratos de carbono simples, também conhecidos como açúcares, são a forma mais básica de hidratos de carbono, sendo constituídos por uma ou duas moléculas de açúcar. Estes açúcares são rapidamente decompostos e absorvidos pela corrente sanguínea, fornecendo uma fonte rápida de energia para as necessidades imediatas do organismo. Os hidratos de carbono simples são frequentemente adicionados a alimentos processados e refinados para melhorar o sabor, a textura e o prazo de validade. No entanto, o consumo excessivo destes açúcares pode levar a picos rápidos nos níveis de açúcar no sangue, seguidos de quedas, o que pode contribuir para flutuações de energia, desejos e excessos alimentares. Além disso, a ingestão frequente de hidratos de carbono simples provenientes de fontes como snacks açucarados, refrigerantes, doces e produtos de pastelaria tem sido associada ao aumento de peso, à resistência à insulina e a um risco acrescido de doenças crónicas como a diabetes tipo 2 e as doenças cardiovasculares. Exemplos comuns de hidratos de carbono simples incluem a glicose, a frutose, a sacarose, a lactose e a maltose. Os hidratos de carbono simples podem ainda ser classificados com base no número de moléculas presentes como

1. Monossacáridos
2. Dissacarídeos

Monossacáridos

Os monossacáridos são a forma mais simples de hidratos de carbono, constituídos por uma única molécula de açúcar. Servem como blocos de construção fundamentais para os hidratos de carbono mais complexos. Exemplos comuns incluem a glucose, a frutose e a galactose.

Estrutura e propriedades:

Os monossacáridos são compostos por átomos de carbono, hidrogénio e oxigénio dispostos numa estrutura linear ou em anel. Cada molécula contém normalmente um grupo carbonilo (um aldeído ou uma cetona) e vários grupos hidroxilo. O esqueleto de carbono pode variar em comprimento, sendo o mais comum o de três a sete átomos de carbono.

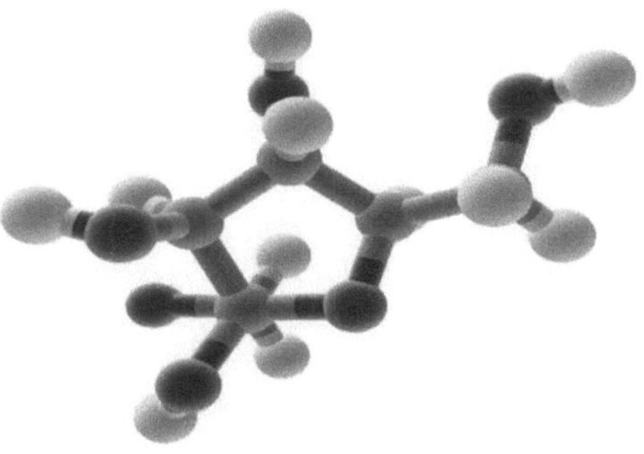

Fig 4: Estrutura de uma molécula de monossacarídeo

Em soluções aquosas, os monossacáridos existem predominantemente na sua forma cíclica devido a reacções intramoleculares entre o grupo carbonilo e um grupo hidroxilo na mesma molécula. Esta estrutura cíclica pode assumir a forma de um anel de seis membros (piranose) ou de um anel de cinco membros (furanose), dependendo do número de átomos de carbono na molécula. As principais fontes de alimentos monossacarídeos são frutas como maçãs, bananas, uvas, bagas, etc., o mel serve como adoçante natural e alguns vegetais como cenouras, p i m e n t o s, tomates e batatas doces. Alguns alimentos processados como os doces e os refrigerantes contêm açúcares adicionados sob a forma de glucose, frutose ou ambas. Exemplos comuns de monossacáridos são a glucose, a frutose e a galactose.

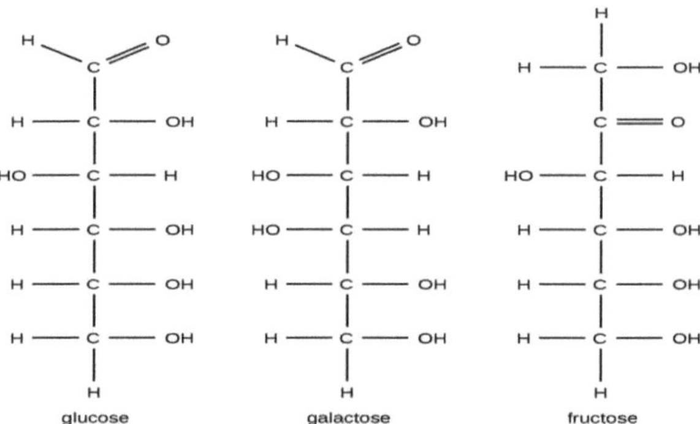

Fig 5: Estruturas lineares da glicose, frutose e galactose

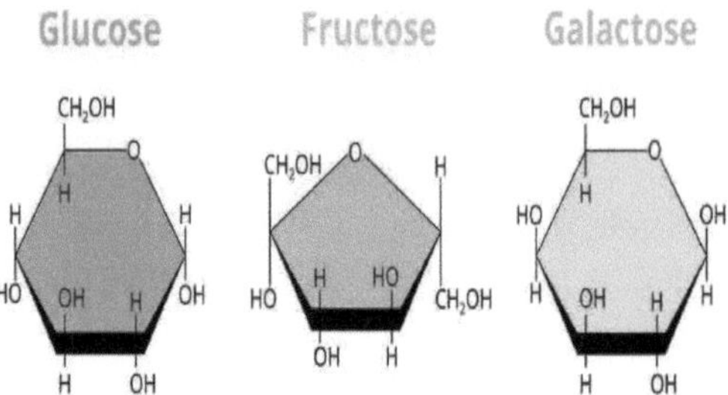

Fig 6: Estruturas cíclicas da glicose, frutose e galactose

Papel dos monossacáridos no metabolismo :

Os monossacáridos desempenham um papel crucial no metabolismo, constituindo a principal fonte de energia para os processos celulares. Após a ingestão, os hidratos de carbono complexos são decompostos em monossacáridos durante a digestão. A glucose, o monossacárido mais abundante, é o combustível preferido para a respiração celular, onde é oxidada para produzir trifosfato de adenosina (ATP), a moeda energética da célula. A frutose, normalmente encontrada em frutas e mel, é metabolizada principalmente no fígado. Pode ser convertida em glicose ou armazenada como glicogénio para utilização posterior. A galactose, derivada da decomposição da lactose nos produtos lácteos, é convertida em glucose através de uma série de reacções enzimáticas no fígado.

Dissacarídeos

Os dissacáridos são hidratos de carbono compostos por **duas unidades de monossacáridos unidas por uma ligação glicosídica**. São formados através de uma reação de condensação, em que uma molécula de água é libertada quando dois monossacáridos se combinam. Exemplos comuns de dissacáridos **incluem a sacarose, a lactose** e a **maltose**.

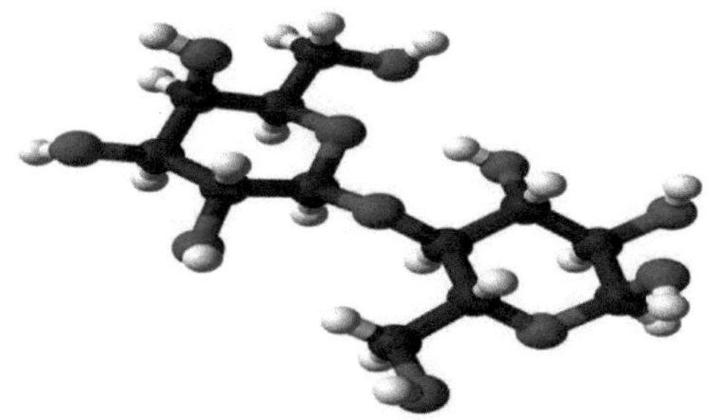

Fig. 7: Estrutura de uma molécula de dissacarídeo

Classificação dos dissacáridos:

Name of disaccharide	Names of monosaccharide components	
Maltose	α-glucose	α-glucose
Sucrose	α-glucose	fructose
Lactose	α-glucose	galactose

Quadro 1: Classificação dos dissacáridos

Estrutura e propriedades:

A estrutura de um dissacárido é constituída por duas unidades monossacáridas ligadas por uma ligação glicosídica. O tipo de ligação glicosídica e a disposição das unidades monossacáridas determinam as propriedades do dissacárido

Sacarose:

Também conhecida como açúcar de mesa, a sacarose é composta por uma molécula de glucose e uma molécula de frutose ligadas por uma ligação glicosídica α-1,β-2. É um composto cristalino, solúvel em água, com um sabor doce, normalmente utilizado como adoçante em alimentos e bebidas.

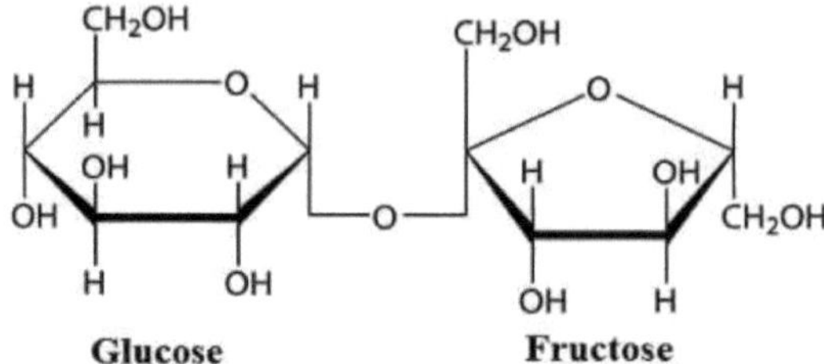

Fig 8: Uma molécula de sacarose

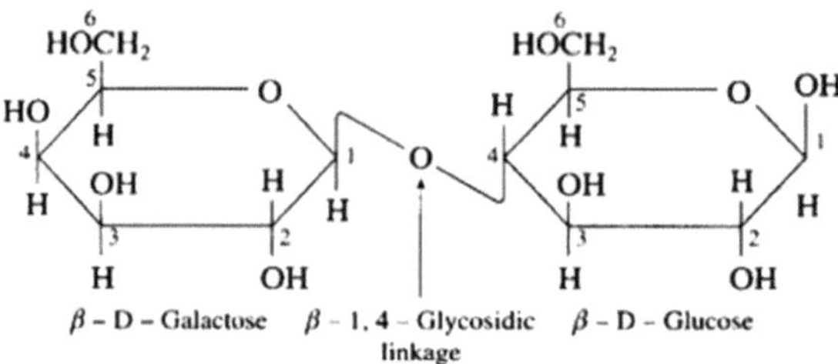

Fig 9: Uma molécula de lactose

Lactose: A lactose é o açúcar presente no leite e nos produtos lácteos. É constituída por uma molécula de glucose e uma molécula de galactoseligada por uma ligação β-1,4 glicosídica. A lactose é menos doce do que a sacarose e pode causar problemas digestivos em indivíduos com intolerância à lactose devido a uma atividade insuficiente da enzima lactase.

Maltose: A maltose é formada pela decomposição do amido e consiste em duas moléculas de glucose ligadas por uma ligação α-1,4 glicosídica. É menos

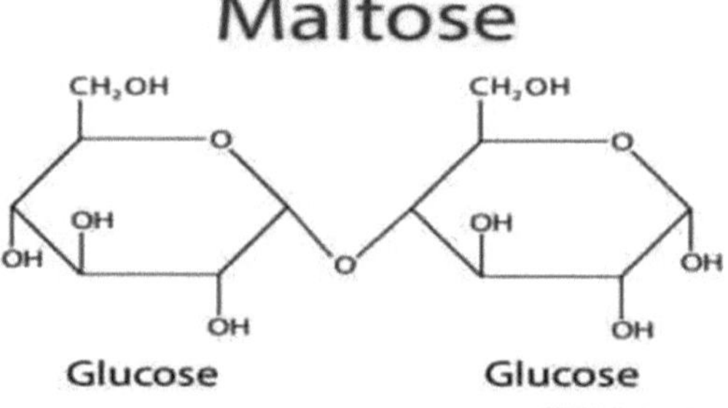

Fig 10: Maltose Estrutura mais doce do que a sacarose e é comummente encontrada em grãos, bebidas maltadas e alguns cereais.

Papel no Metabolismo:

Os dissacáridos desempenham um papel crucial no metabolismo como fontes de energia para o organismo. Após a ingestão, os dissacáridos são decompostos nos monossacáridos que os constituem por enzimas específicas situadas no trato digestivo.

• A **sacarose** é hidrolisada pela enzima sucrase em glucose e frutose.

• A **lactose** é hidrolisada pela enzima lactase em glucose e galactose.

• A **maltose** é hidrolisada pela enzima maltase em duas moléculas de glucose. Uma vez decompostos em monossacáridos, estes açúcares são absorvidos pela corrente sanguínea e transportados para as células de todo o organismo.

A glicose, em particular, serve como fonte primária de energia para os processos celulares, fornecendo combustível para o metabolismo, o crescimento e a atividade física.

Hidratos de carbono complexos:

Os hidratos de carbono complexos, também conhecidos como polissacáridos, são macromoléculas vitais compostas por longas cadeias de unidades monossacáridas. Ao contrário dos hidratos de carbono simples, que são constituídos por uma ou duas moléculas de açúcar, os hidratos de carbono complexos caracterizam-se pelas suas estruturas moleculares intrincadas e por uma digestão mais lenta.

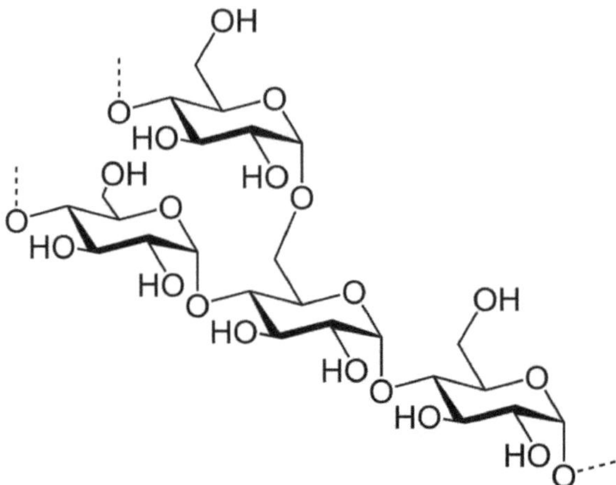

Fig. 11: Estrutura de um hidrato de carbono complexo

Estrutura e composição:

Os hidratos de carbono complexos são compostos por várias unidades de monossacáridos unidas por ligações glicosídicas. O número de unidades de monossacáridos e a disposição das ligações determinam a estrutura e as propriedades de cada polissacárido. Exemplos comuns de hidratos de carbono complexos incluem os amidos e as fibras alimentares.

Amidos: Os amidos são polissacáridos encontrados nas plantas e servem como forma de armazenamento de energia. São compostos por **longas cadeias de moléculas de glucose ligadas entre si por ligações glicosídicas α-1,4**, com pontos de ramificação α-1,6 ocasionais. Esta estrutura ramificada permite o armazenamento eficiente e a rápida mobilização da glucose quando necessário. Os amidos podem ainda ser classificados em amilose e amilopectina, sendo a amilose constituída por cadeias não ramificadas e a amilopectina por cadeias ramificadas.

O amido tem várias propriedades.

• **Amido como hidrato de carbono** - A nossa principal fonte de hidratos de carbono são os alimentos ricos em amido, que desempenham um papel importante numa dieta saudável. A batata, o pão, o arroz, a massa e os cereais são exemplos de alimentos ricos em amido.

• **O amido como polissacárido** - Os polissacáridos são uma forma de polímero biológico muito utilizada. Nos organismos vivos, o seu papel está normalmente relacionado com a estrutura ou o armazenamento. Nas plantas, o amido (um polímero de glucose) está presente nas formas de amilose e amilopectina ramificada e é utilizado como polissacárido de armazenamento.

• **O amido como açúcar não redutor** - É necessária mais do que uma "agulha" de hemiacetal num palheiro de "acetais" para que o teste de redução do açúcar seja positivo. Como resultado, os polissacáridos não são classificados como açúcares redutores. O amido, por exemplo, resulta num teste negativo. O amido e a sacarose são ambos azuis, indicando que são açúcares não redutores.

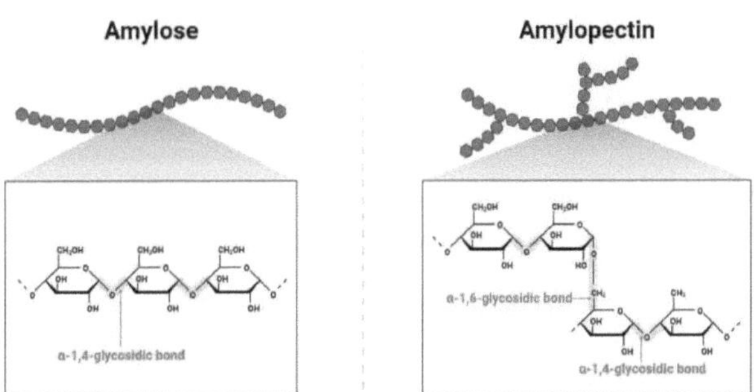

Fig. 12: Classificação do amido

1. Amilose:

Estrutura: A amilose é um **polímero linear de moléculas de glucose ligadas por ligações glicosídicas α-1,4**. É constituída por cadeias não ramificadas, o que a torna relativamente compacta e menos solúvel em água do que a amilopectina.

Propriedades: Devido à sua estrutura linear, as moléculas de amilose têm uma forte tendência para formar espirais helicoidais apertadas, que podem prender as moléculas de água e criar um gel viscoso quando aquecidas na presença de água. Esta propriedade faz da amilose um agente espessante valioso em produtos alimentares como molhos, molhos e pudins.

Fontes: A amilose encontra-se em proporções variáveis em alimentos ricos em amido, como o arroz, a batata, o milho e o trigo. Os alimentos com um teor mais elevado de amilose tendem a ter uma textura mais firme e um índice glicémico mais baixo, o que os torna escolhas adequadas para indivíduos que procuram gerir os níveis de açúcar no sangue e promover a saciedade.

2. Amilopectina:

Estrutura: A amilopectina é um polímero ramificado de **moléculas de glucose ligadas por ligações α-1,4 glicosídicas** com pontos de ramificação α-1,6 ocasionais. Tem uma estrutura altamente ramificada, com ramificações que ocorrem aproximadamente a cada 24 a 30 unidades de glucose ao longo da cadeia principal.

Propriedades: A estrutura ramificada da amilopectina resulta num arranjo molecular mais aberto e altamente hidratado em comparação com a amilose. Esta maior solubilidade em água permite que a amilopectina forme suspensões coloidais, contribuindo para a textura suave e cremosa dos alimentos ricos em amido, como o puré de batata e os cremes.

Fontes: A amilopectina é a forma predominante de amido na maioria dos alimentos ricos em amido, incluindo os cereais (como o trigo, a cevada e a aveia), as leguminosas (como o feijão e as lentilhas) e os tubérculos (como a batata e o inhame). Os alimentos com um teor mais elevado de amilopectina tendem a ter uma textura mais macia e um índice glicémico mais elevado, levando a uma digestão mais rápida e à libertação de glicose na corrente sanguínea.

• **Fibras alimentares:** As fibras alimentares são **hidratos de carbono complexos que não podem ser digeridos pelas enzimas humanas**. Incluem polissacáridos não amiláceos, como a celulose, hemicelulose, pectina e gomas, bem como amidos resistentes e oligossacáridos. As fibras alimentares são caracterizadas pela sua capacidade de absorver água,

formam géis viscosos e resistem à decomposição enzimática no trato digestivo. Desempenham um papel crucial na promoção da saúde digestiva, na regulação dos movimentos intestinais e na redução dos níveis de colesterol.

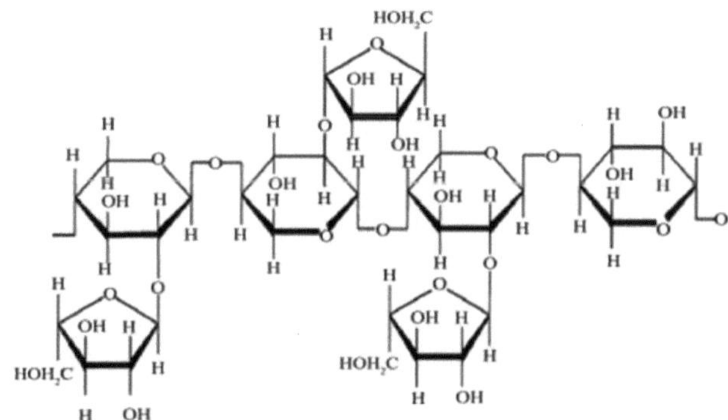

Fig. 13: Arabinoxilano, um hidrato de carbono complexo

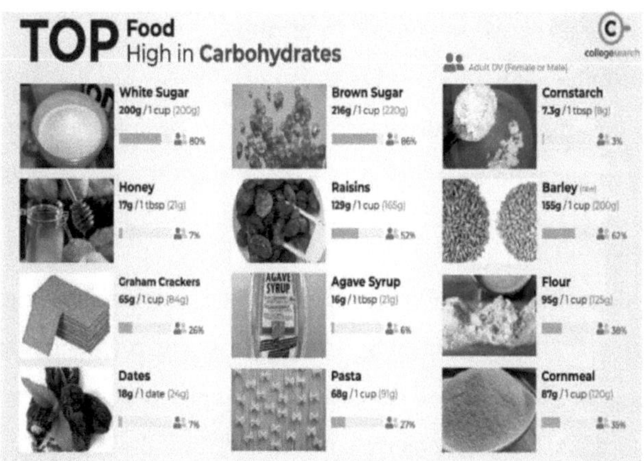

Fig. 14: Fontes de hidratos de carbono

Os hidratos de carbono complexos são abundantes numa variedade de alimentos de origem vegetal, incluindo:

Grãos integrais: Os cereais integrais, como a aveia, a cevada, a quinoa, o arroz integral e o trigo integral, são excelentes fontes de hidratos de carbono complexos. Fornecem uma grande variedade de nutrientes, incluindo vitaminas, minerais, fibra alimentar e fitoquímicos, tornando-os componentes essenciais de uma dieta saudável.

Leguminosas: As leguminosas, incluindo o feijão, as lentilhas, o grão-de-bico e as ervilhas, são ricas em hidratos de carbono complexos, proteínas e fibra alimentar. São ingredientes versáteis que podem ser incorporados em sopas, guisados, saladas e acompanhamentos para aumentar o valor nutricional e promover a saciedade.

Legumes: Muitos vegetais, como brócolos, espinafres, couves, cenouras e couves-de-bruxelas, contêm hidratos de carbono complexos sob a forma de fibras alimentares. Estas fibras contribuem para a sensação de saciedade, ajudam na digestão e apoiam a saúde e o bem-estar geral.

Frutos: Embora os frutos sejam conhecidos principalmente pelos seus hidratos de carbono simples (açúcares), também contêm quantidades variáveis de fibra alimentar, particularmente na pele e na polpa. Exemplos de frutos ricos em fibra incluem as maçãs, as pêras, as bagas e os citrinos.

Funções dos hidratos de carbono no organismo

Os glúcidos desempenham diversos papéis no organismo humano, sendo essenciais na produção de energia, no suporte estrutural e na sinalização celular.

1. Produção de energia:

Os hidratos de carbono são a principal fonte de energia do organismo, fornecendo glicose, o combustível preferido para o metabolismo celular. Durante a digestão, os hidratos de carbono complexos, como os amidos e as fibras alimentares, são decompostos em glucose, que é absorvida pela corrente sanguínea e transportada para as células de todo o corpo. Através de uma série de reacções bioquímicas, a glicose é oxidada nas mitocôndrias para produzir trifosfato de adenosina (ATP), a moeda universal de energia das células. Esta energia é utilizada para alimentar vários processos fisiológicos, incluindo a contração muscular, a função cerebral e a reparação e manutenção celular.

2. Função estrutural:

Os hidratos de carbono contribuem para a integridade estrutural das células e dos tecidos, nomeadamente sob a forma de hidratos de carbono complexos como a celulose e a quitina. A celulose, um polissacárido presente nas paredes celulares das plantas, proporciona rigidez e suporte, ajudando as plantas a manter a sua forma e estrutura. Do mesmo modo, a quitina, um polissacárido presente nos exoesqueletos dos artrópodes e nas paredes celulares dos fungos, confere resistência e proteção contra os danos físicos e os factores de stress ambiental. Além disso, os hidratos de carbono são componentes essenciais das glicoproteínas e dos glicolípidos, que participam nos processos de reconhecimento, adesão e sinalização célula-célula.

3. Sinalização celular:

Os hidratos de carbono desempenham um papel crucial na sinalização e comunicação celular, facilitando as interacções entre as células e o seu ambiente. Os hidratos de carbono da superfície celular, como as glicoproteínas e os glicolípidos, actuam como marcadores de reconhecimento que identificam as células perante outras células e moléculas. Estas moléculas de hidratos de carbono participam em vários processos celulares, incluindo a resposta imunitária, a adesão celular e a sinalização hormonal. Por exemplo, os antigénios dos grupos sanguíneos na superfície dos glóbulos vermelhos são estruturas de hidratos de carbono que determinam o tipo de sangue e a compatibilidade com as transfusões de sangue. Do mesmo modo, os hidratos de carbono à superfície das células desempenham um papel na vigilância imunitária, ajudando as células imunitárias a reconhecer e a eliminar os agentes patogénicos.

CAPÍTULO 4

HIDRATOS DE CARBONO E SAÚDE

Ingestão recomendada:

A ingestão recomendada de hidratos de carbono varia em função de factores individuais como a idade, o sexo, o nível de atividade e a saúde metabólica. Geralmente, os hidratos de carbono devem contribuir para cerca de 45-65% do total de calorias diárias, de acordo com as directrizes dietéticas. Para uma dieta típica de 2.000 calorias, isto equivale a aproximadamente 225-325 gramas de hidratos de carbono por dia. É importante dar prioridade aos hidratos de carbono complexos provenientes de alimentos integrais e ricos em nutrientes, como frutos, legumes, cereais integrais e leguminosas, limitando a ingestão de hidratos de carbono refinados e processados.

Impacto nos níveis de açúcar no sangue:

Os hidratos de carbono têm um impacto significativo nos níveis de açúcar no sangue, especialmente os que têm um índice glicémico (IG) elevado e que são rapidamente digeridos e absorvidos. O consumo de hidratos de carbono simples, como snacks açucarados, refrigerantes e cereais refinados, pode levar a picos acentuados nos níveis de açúcar no sangue, seguidos de quedas rápidas, levando a sensações de fome e fadiga. Por outro lado, os hidratos de carbono complexos com um IG baixo, como os cereais integrais, as leguminosas e os vegetais sem amido, são digeridos mais lentamente, o que resulta num aumento gradual dos níveis de açúcar no sangue e numa libertação sustentada de energia. A manutenção de níveis estáveis de açúcar no sangue é crucial para a saúde geral e para a redução do risco de distúrbios metabólicos, como a diabetes tipo 2 e a resistência à insulina.

Papel no controlo do peso:

Os hidratos de carbono desempenham um papel complexo na gestão do peso, influenciando factores como a saciedade, o balanço energético e as escolhas alimentares. Embora os hidratos de carbono forneçam energia e nutrientes essenciais, a ingestão excessiva de hidratos de carbono refinados e processados pode contribuir para o aumento de peso e a obesidade. Estes alimentos são frequentemente ricos em calorias, pobres em fibras e carentes de nutrientes essenciais, levando a um consumo excessivo e a um fraco controlo do apetite. Por outro lado, a escolha de hidratos de carbono complexos provenientes de fontes integrais e minimamente processadas pode ajudar a controlar o peso, promovendo a sensação de saciedade, regulando o apetite e fornecendo energia sustentada sem causar picos rápidos nos níveis de açúcar no sangue. Além disso, a fibra alimentar encontrada nos hidratos de carbono complexos ajuda a digestão, promove a saciedade e pode reduzir a absorção de calorias, apoiando ainda mais os esforços de perda de peso.

Metabolismo dos hidratos de carbono

O metabolismo dos hidratos de carbono é um processo complexo que envolve a decomposição, a síntese e a interconversão dos hidratos de carbono para fornecer energia e manter os níveis de glicose no sangue. As principais vias do metabolismo dos hidratos de carbono incluem a glicólise, a gluconeogénese, a glicogénese e a glicogenólise.

1. Glicólise:

A glicólise é a via metabólica que converte a glicose em piruvato, gerando ATP e NADH no processo. Ocorre no citoplasma das células e consiste numa série de reacções enzimáticas. Durante a glicólise, a glicose é fosforilada e depois clivada em duas moléculas de piruvato. Ao longo do processo, são produzidos ATP e NADH, fornecendo energia para os processos celulares. A glicólise é um processo anaeróbico, o que significa que não necessita de oxigénio, e funciona como a principal via de produção de energia em condições de baixa disponibilidade de oxigénio, como durante o exercício intenso.

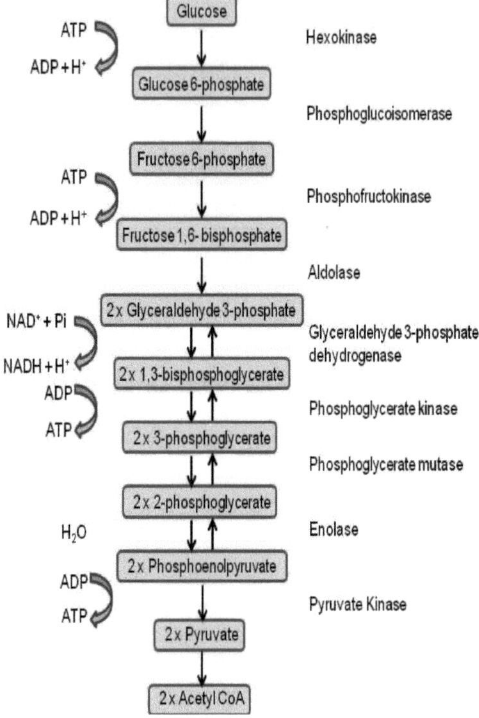

Fig. 15: Via da glicólise

2. Gluconeogénese:

A gluconeogénese é o processo pelo qual a glicose é sintetizada a partir de precursores que não são hidratos de carbono, como os aminoácidos, o lactato e o glicerol, e ocorre principalmente no fígado e, em menor grau, nos rins. A gluconeogénese é essencial para manter os níveis de glicose no sangue durante períodos de jejum, fome ou baixa ingestão de hidratos de carbono. A gluconeogénese é regulada por sinais hormonais, incluindo o glucagon e o cortisol, que estimulam a degradação do glicogénio armazenado e a produção de nova glucose.

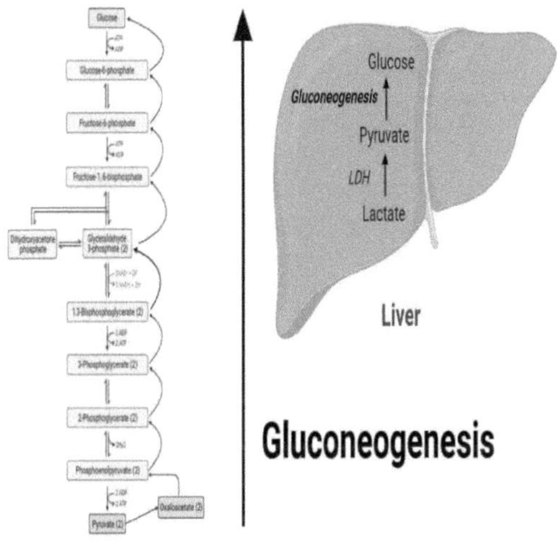

Fig. 16: Processo de gluconeogénese

3. Glicogénese e Glicogenólise:

A glicogénese é o processo de síntese de glicogénio, através do qual as moléculas de glicose são polimerizadas e armazenadas como glicogénio no fígado e nas células musculares. Ocorre em resposta a níveis elevados de glucose no sangue e é estimulada pela insulina, que promove a captação e o armazenamento de glucose. A glicogenólise, por outro lado, é a decomposição do glicogénio em moléculas de glicose, fornecendo uma fonte rápida de energia durante períodos de necessidade, como o jejum ou o exercício. É catalisada pela enzima glicogénio fosforilase, que cliva as unidades de glicose da cadeia de glicogénio. A glicogenólise é regulada por sinais hormonais, incluindo o glucagon e a epinefrina, que promovem a libertação de glicose das reservas de glicogénio para manter os níveis de glicose no sangue.

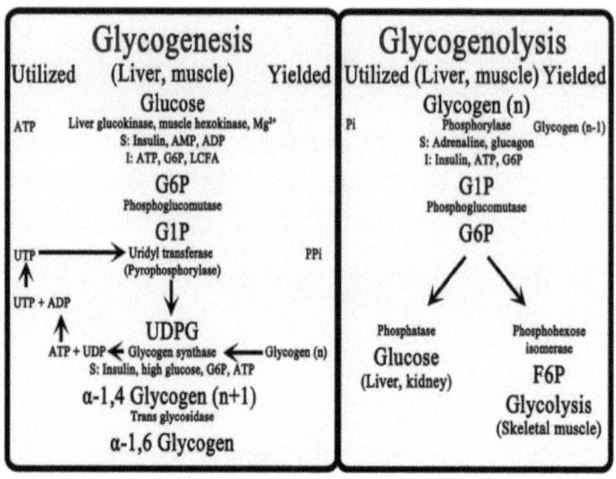

Fig. 16: Processos de glicogenólise e glicogénese

Regulação da glicólise

A palavra lise, que significa "solubilização", deriva da palavra grega glyk-, que significa "doce".

A glicólise é a decomposição da glicose através da combinação de glicose e lise. É uma das vias mais antigas conhecidas pelo ser humano.

Uma molécula de glucose é convertida em dois moles de piruvato (ácido pirúvico) e dois ATP como rendimento energético líquido através de uma sequência de processos metabólicos.

A glicólise, na sua forma mais simples, é um processo citosólico que ocorre tanto em organismos aeróbicos como anaeróbicos. É considerada anaeróbia porque o oxigénio não é necessário para o metabolismo da glicose em nenhuma fase do processo. No entanto, a glicólise continua a funcionar da mesma forma nas espécies aeróbias, uma vez que a presença de oxigénio não tem qualquer efeito sobre as reacções.

O piruvato, o subproduto final da glicólise, pode ser metabolizado de duas formas: anaerobicamente e aerobicamente.

Fermentação é o termo utilizado para descrever as reacções anaeróbias, como a transformação do piruvato em lactato (que produz ácido lático) ou a transformação do piruvato em etanol (que produz álcool).

A maioria dos ácidos orgânicos são criados a partir da fermentação do açúcar desta forma. Em condições anaeróbicas, o piruvato sofre uma oxidação completa para produzir CO2 e H2O, o que resulta na geração de uma quantidade significativa de ATP.

Louis Pasteur efectuou muitas pesquisas sobre as leveduras e investigou os processos fermentativos nas mesmas no final do século XVIII. Mais tarde, em 1897, E. Buchner deu um passo em frente ao inventar a fermentação utilizando extractos sem células, o que deu origem ao campo da bioquímica que permite o estudo in vitro de uma vasta gama de processos metabólicos.

A via da glicólise

A via glicolítica compreende dez processos distintos, que culminam na formação de dois moles de piruvato a partir de uma única molécula de glucose. As enzimas e os processos envolvidos são enumerados a seguir.

De açúcar para açúcar - O processo de fosforilação que produz 6-fosfato necessita de ATP para obter energia. A enzima hexoquinase (glucocinase) catalisa a reação irreversível. Esta via envolve duas reacções irreversíveis: (1) glicose-6-fosfato em frutose-6-fosfato, que é catalisada pela enzima glicose-6-fosfato isomerase (também conhecida como fosfoglucomutase) através da isomerização; e (2) frutose-6-fosfato em frutose-1-6-bisfosfato, que é catalisada pela enzima fosfofrutoquinase utilizando ATP como energia. Frutose-1,6-bisfosfato em 2 moléculas de gliceroamida-3-fosfato. Na realidade, a frutose-1,6-bifosfato decompõe-se em duas moléculas de 3 carbonos, o gliceraldeído 3-fosfato (GAP) e a dihidroxiacetona-fosfato (DHAP), que são um aldeído e uma cetona. A enzima frutose-bis-fosfato aldolase catalisa a reação.

A gliceraldeído-3-fosfato desidrogenase catalisa um processo de desidrogenação entre duas moléculas de glicerladeído-3-fosfato e 1-3-bisfosfoglicerato. Neste processo, o NAD+ é reduzido de NAD para NADH + H+. Além disso, a reação de oxidação acima referida é combinada com uma reação de fosforilação que produz 1-3-bisfosfoglicerato. Esta reação exergónica é catalisada pela fosfoglicerato quinase e resulta numa ligação de alta energia que é hidrolisada a um ácido carboxílico. A energia libertada por esta reação é convenientemente utilizada para formar uma ligação fosfato rica em energia de ATP a partir de ADP.

A conversão de 3-fosfoglicerato em 2-fosfoglicerato ocorre quando o grupo fosfato se desloca da terceira para a segunda posição.

A enolase (fosforo-purivato hidratase) catalisa a reação de desidratação do 2-fosfoglicerato em fosfo-enol-piruvato. A conversão irreversível do fosfo-enol-piruvato em piruvato é catalisada pela atividade da transferase e pela desfosforilação. A enzima em causa é denominada piruvato quinase. O intermediário enol-fosfato contém uma ligação fosfato de alta energia que, após hidrólise, se transforma na forma enólica do piruvato e produz ATP. O piruvato enólico transforma-se rapidamente no piruvato cetónico, muito mais estável.

Como se viu nas vias glicolíticas acima, alguns processos irreversíveis são catalisados por enzimas e exibem ΔG negativo. Estes podem ser os possíveis locais de regulação da via. O objetivo principal da glicólise é gerar ATP, ou energia, e precisa de ser controlada para libertar ATP apenas quando necessário.

A hexoquinase (glucoquinase), a fosfofrutoquinase e a piruvato quinase catalisam eventos na glicólise que são irreversíveis e podem funcionar como pontos de controlo para a regulação da via.

1. Um fator que regula estas enzimas é a disponibilidade de substrato.

2. Concentrações enzimáticas que ditam as fases limitadoras da taxa

3. Em milésimos de segundo, o alostro de uma enzima controla uma rota.

4. Numa questão de segundos, as modificações covalentes das enzimas, como a fosforilação, controlam uma via.

5. Horas de controlo da transcrição

A atividade hormonal regula tanto a concentração intracelular como a transcrição das três enzimas.

O pâncreas segrega o par de hormonas insulina e glucagon em resposta a alterações bruscas dos níveis de glucose no sangue. Quando os níveis sanguíneos de aminoácidos aumentam subitamente, a insulina também é libertada. A insulina tem um impacto universal de encorajar o armazenamento de energia excedente durante o estado de alimentação, enquanto o glucagon funciona como um antagonista da insulina em todos os aspectos.

A insulina estimula a transcrição da fosfofrutoquinase, da piruvato quinase e da glucocinase (hexoquinase), enquanto o glucagon inibe a transcrição destas três enzimas.

A regulação da hexoquinase/glucoquinase envolve o seguinte:

1. A enzima hexoquinase inicia a glicólise nos músculos e no cérebro; devido à sua elevada afinidade pela glicose, a enzima favorece a glicólise mesmo com níveis de glicose no sangue inferiores aos ideais; 2. O produto final desta reação é a glicose-6-fosfato, que actua como um inibidor de feedback, mas, de um modo geral, a reação ajuda a gastar quantidades excessivas de ATP celular quando a glicose é abundante; 3. Em contraste, a enzima glucoquinase, que se encontra no fígado e no pâncreas, actua a uma concentração de glicose mais elevada.

Consequentemente, a enzima ajuda o fígado a eliminar a glicose extra quando a concentração de glicose atinge um pico após uma dieta rica em hidratos de carbono, ajudando a controlar os níveis de glicose no sangue após as refeições. Além disso, a glucose-6-fosfato não impede a atividade da enzima.

Controlo da fosfofrutoquinase A fosfofrutoquinase (PFK) catalisa o processo irreversível e limitador da taxa na via glicolítica, fosforilando a frutose-6-fosfato em frutose-1-6-bisfosfato.

O tetrâmero da fosfofrutoquinase tem quatro subunidades que são exatamente iguais. A glicólise é desregulada quando os níveis de ATP intracelular são elevados, porque o ATP é um inibidor alostérico da PFK. O mecanismo alostérico envolve a ligação do ATP a um local da PFK diferente do local catalítico e provoca uma alteração conformacional que faz rodar as posições de dois aminoácidos, Glu161 e Arg162. Quando há uma baixa afinidade pelo substrato, o Glu161 repele o fosfato do F6P, resultando num desequilíbrio de cargas. Enquanto a arginina na posição 162 e o fosfato na posição 6 estabilizam as cargas entre si quando o F6P tem uma forte afinidade pelo substrato

Esta mudança conformacional diminui a quantidade de glicólise e evita a acumulação de ácidos provocada por uma atividade muscular extenuante num ambiente com baixos níveis de oxigénio, regulando o pH sanguíneo e mantendo a força iónica intracelular. Além disso, diminui e regula a lactoacidose. ATP (inibição por retroação), AMP (inibição inversa), ADP (inibição alostérica), citrato (inibição por retroação) e β-D-frutose 2-6-bisfosfato (inibição por retroação) são reguladores adicionais desta enzima.

3. Regulação da piruvato quinase: Esta é a última reação irreversível da glicólise catalisada por uma enzima que tem a capacidade de controlar toda a via.

A fosforilação covalente suprime a atividade da piruvato quinase a baixas concentrações de glucose. No entanto, se for produzida frutose 1,6-bisfosfato, a reação é activada, e a frutose 1,6-bisfosfato actua como um ativador de avanço, orientando a reação catalisada pela enzima no sentido do avanço. O AMP e o ADP são reguladores adicionais que influenciam positivamente a resposta, enquanto o ATP tem um efeito negativo.

CAPÍTULO 5

PERTURBAÇÃO DOS HIDRATOS DE CARBONO

A diabetes mellitus é uma doença metabólica que provoca hiperglicemia crónica e intolerância à glucose devido a insuficiência de insulina, diminuição da ação da insulina ou uma combinação de ambas. A insulina, produzida pelo pâncreas, regula os níveis de glicose no sangue, transferindo-a da corrente sanguínea para as células para obter energia.

A diabetes tipo 1, também conhecida como diabetes mellitus dependente de insulina (IDDM) ou diabetes de início juvenil, ocorre quando o pâncreas não consegue gerar insulina, que é necessária para a sobrevivência. Este tipo de diabetes afecta normalmente crianças e adolescentes, mas está a tornar-se mais comum à medida que as pessoas envelhecem. A diabetes é tratada com injecções de insulina e alterações na dieta.

A diabetes tipo 2, também conhecida como diabetes mellitus não insulino-dependente (NIDDM) ou diabetes de início na maturidade, ocorre quando o organismo não responde adequadamente à insulina produzida pelo pâncreas. A diabetes tipo 2 é responsável por cerca de 90% das ocorrências de diabetes em todo o mundo. Esta doença afecta principalmente os adultos, mas também está a tornar-se mais comum em crianças e jovens. O tratamento para este tipo de diabetes envolve normalmente alterações do estilo de vida, incluindo dieta e atividade física, juntamente com medicamentos hipoglicemiantes orais. No entanto, podem também ser necessárias injecções de insulina.

A diabetes também pode ser causada por factores genéticos, doenças do pâncreas ou exposição a medicamentos ou produtos químicos. A diabetes gestacional é uma doença que ocorre durante a gravidez e que, normalmente, se resolve após o parto. As mulheres que sofreram diabetes gestacional têm maior probabilidade de desenvolver diabetes mais tarde na vida.

Distúrbio metabólico

A diabetes mellitus afecta não só o metabolismo da glicose, mas também o metabolismo das proteínas e das gorduras devido à insensibilidade à insulina ou à falta de ação nos tecidos-alvo. Como resultado, a capacidade do organismo para converter a glicose em energia diminui.

A diabetes provoca normalmente hiperglicemia, que ocorre quando a glicose entra na corrente sanguínea mais rapidamente do que pode ser eliminada. Os níveis de glicose no sangue mudam entre os períodos de jejum e pós-prandial devido a causas distintas. Os níveis de glicemia em jejum são determinados principalmente pela taxa de produção de glicose pelo fígado, mas os níveis de glicemia pós-prandial são fortemente influenciados pelo conteúdo das refeições.

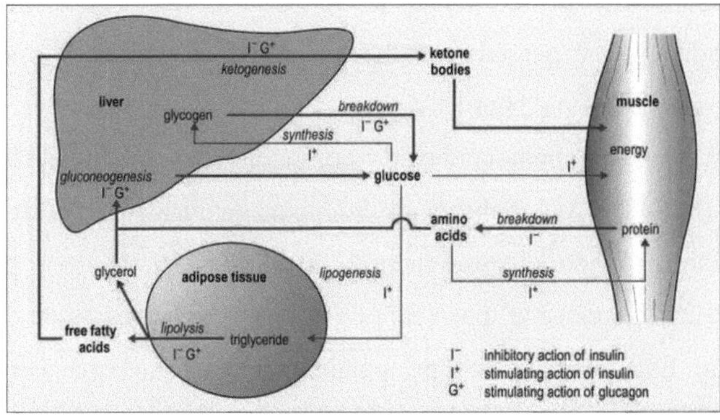

Fig. 17 Perturbações do metabolismo dos hidratos de carbono

Os factores dietéticos, incluindo a quantidade e composição dos alimentos, podem ter impacto nos níveis de glicose no sangue. Alimentos comuns com um teor de hidratos de carbono semelhante podem afetar os níveis de glicemia de forma diferente (resposta glicémica). A taxa de absorção no intestino delgado determina a resposta glicémica a dietas com um teor semelhante de hidratos de carbono. O tipo de hidratos de carbono tem um impacto significativo na absorção. A cozedura e o processamento dos alimentos também podem afetar as taxas de absorção.

O álcool diminui a síntese de glucose no fígado, reduzindo os níveis de glucose no plasma. Contudo, o consumo excessivo de álcool pode afetar a função da insulina.

Tratamento da diabetes

O objetivo do tratamento das pessoas com diabetes é normalizar os níveis de glicose no sangue.

e também para reduzir as dificuldades associadas à diabetes. É necessário um tratamento individualizado, incluindo aprender a integrar a monitorização da glicemia. O tratamento inclui alterações na dieta, atividade física e, se necessário, medicamentos hipoglicemiantes orais ou injecções de insulina.

Conselhos dietéticos:

Anteriormente, os doentes diabéticos eram aconselhados a consumir alimentos ricos em hidratos de carbono. Antes dos anos 80, acreditava-se que a restrição da ingestão de hidratos de carbono era necessária para o controlo da glicemia. A ideia era limitar a ingestão de hidratos de carbono, especialmente o açúcar, a menos de 40% da ingestão de calorias. A investigação realizada desde os anos 70 demonstrou que um consumo mais liberal de hidratos de carbono não tem efeitos negativos no controlo da glicemia. A noção desenvolvida no início dos anos 80 sugere que a ingestão total de energia, e não a ingestão de hidratos de carbono, tem um maior impacto nos níveis de glicose. Uma dieta rica em gordura tem sido associada a problemas de diabetes, incluindo: Os danos vasculares podem levar a doenças cardíacas. Na década de 1980, os conselhos nutricionais mudaram para o consumo de mais hidratos de carbono e menos gorduras, particularmente gorduras saturadas e proteínas. A recomendação era aumentar a ingestão de fibras e consumir mais frutas e legumes. Os doentes com diabetes recebem orientação nutricional personalizada com base em directrizes gerais de alimentação saudável.

Fig. 18 Dieta de hidratos de carbono

A diabetes é uma doença do metabolismo dos macronutrientes. O principal objetivo do tratamento é regular os níveis de glicose no sangue e evitar consequências como lesões vasculares ou neurológicas. Os diabéticos podem ter de procurar atingir níveis óptimos de lípidos no sangue. Estes objectivos podem ser alcançados através de vários métodos, incluindo uma dieta saudável.

REFERÊNCIAS

1. Andrian, Ulrich H. von, M.D., Ph.D., Mackay, Charles R., Ph.D., T-cell Function and Migration, The New England Journal of Medicine, Volume 343:1020-1034, 5 de outubro de 2000 Número 14. Benjamini, E., Leskowitz, S., Immunology, a short course; Wiley-Liss, Nova Iorque, 1991.

2. Bie, G.H. van der M.D., Anatomia, de um ponto de vista fenomenológico, Louis Bolk Instituut, Driebergen, 2002.

3. Cohen, Irun R.; Tending Adam's Garden, Elseviers Academic Press, Londres, 2005.

4. Colloca L, Benedetti F., Placebos e analgésicos: a mente é tão real como a matéria? Nat. Rev. Neuroscience. 2005 julho 6 (7):545-52.

5. Delves, Peter J. Ph.D., e Roitt, Ivan M. D.Sc. O Sistema Imunitário - Primeira de Duas Partes. The New England Journal of Medicine, Volume 343:37-49 6 de julho de 2000 Número 1.

6. Delves, Peter J. Ph.D., e Roitt, Ivan M. D.Sc. O Sistema Imunitário - Segunda de Duas Partes. The New England Journal of Medicine, Volume 343:108-116, 13 de julho de 2000 Número 2.

7. Haas, Helga Susanne, Zusammenspiel von Neurotransmittern und Zytokinen innerhalb und ausserhalb des zentralen Nervensystems; 38. Kongress der Ärztekammer Nordwürttemberg in Stuttgart; Medizin 2003.

8. Khalturin Konstantin, Becker Matthias, Rinkevich Baruch, e Bosch Thomas C. G.: Urochordates and the origin of natural killer cells: Identification of a CD94/ NKR-P1- related recetor in blood cells of Botryllus, PNAS | January 21, 2003 | vol. 100 | no. 2 | 622-627.

9. Kay, A.B., M.D., Ph.D., Allergy and Allergic Diseases-First of two Parts, The New England Journal of Medicine, Volume 344:30-37, 4 de janeiro de 2001 Número 1.

10. Kay, A.B., M.D., Ph.D., Allergy and Allergic Diseases-Second of two Parts, The New England Journal of Medicine, Volume 344:30-37, 11 de janeiro de

2001 Número 2.

11. Kiecolt-Glaser, Janice K.; McGuire, Lynanne; Robles, Theodore F; Glaser, Ronald; Psychoneuroimmunology: Psychoneuroimmunology: Psychological Influences on Immune Function and Health; Journal of Consulting and Clinical Psychology, 2002, Vol 70, No 3, 537-547.

Printed by Books on Demand GmbH, Norderstedt / Germany